HAIZI NIYAO
XUEHUI BAOHU ZIJI

孩子，你要学会保护自己

我会应对户外危险

王维浩　编著

科学普及出版社
·北　京·

图书在版编目（CIP）数据

孩子，你要学会保护自己．我会应对户外危险 / 王维浩编著．-- 北京：科学普及出版社，2022.11（2024.1 重印）

ISBN 978-7-110-10488-0

Ⅰ．①孩… Ⅱ．①王… Ⅲ．①安全教育－儿童读物 Ⅳ．① X956-49

中国版本图书馆 CIP 数据核字 (2022) 第 144994 号

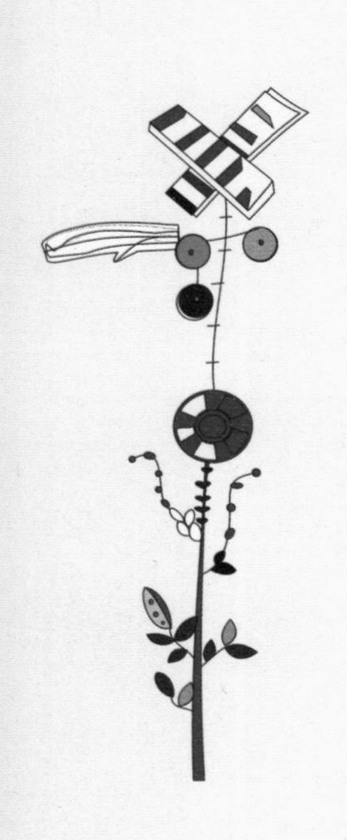

序言

张咏梅　儿童伤害预防教育专家、全球儿童安全组织（中国）高级传讯顾问、中国项目专员

几年前，有企业邀请我去给他们的员工讲有关儿童伤害预防的讲座，其初衷是企业给予员工的一种福利。近些年，随着网络信息的传播，越来越多的儿童伤害事件浮现在了大众的视野中。一时间，“儿童安全”成了无法回避的重要议题，被人们广泛地讨论。无论是网络上的新闻热点，还是两会上的代表提案，都显示出了大众对中国儿童安全教育倾注的深情。由此，我也看到越来越多的企业将“儿童安全培训”列为重要内容，不再是简单的福利馈赠，而是将此纳入了企

业社会责任的一部分。如此的重视程度，可以说，中国的孩子们有福了。

十年前，我有幸成为全球儿童安全组织（中国）高级传讯顾问，专注于儿童意外伤害预防的数据研究和常识传播工作。在每天面对的大量伤害信息中，我发现几乎所有的意外发生都是有规律可循的。比如暑期是儿童溺水高发期；燃气中毒或烧烫伤是年底到春节期间发生最多的伤害类型；幼童发生高楼坠亡的起因多和看护缺失有关；因盲区造成的汽车碾轧意外，也多因孩子未在家长监护下跑过马路所致。由此，做好儿童伤害预防的基础，就是学习基本常识、了解事件本质、注重行为培养。

这套书的出版主要面向学生群体，文风、画风和游戏的设计都贴近儿童的阅读习惯。众所周知，做安全教育有个难点，就是人群定位。不同年龄段的孩子，宣讲的方式和内容截然不同。比如 0—3 岁的宝宝，处在最乐于探索世界的年龄段，家长的教育应侧重于帮助他们营造家中的安全环境。4—6 岁的幼童开始了社会交往，不安于居室，放眼于户外，

父母要多用游戏互动的方式来进行亲子教育，通过角色扮演让孩子理解危险的定义。进入小学阶段的儿童，低年级和高年级的安全教育也是有区分的。普及形式由游戏体验到实训学习，都需要建立一整套有针对性的课程体系。

《孩子，你要学会保护自己》这套书很好地抓住了小学至初中阶段儿童的行为和认知特点，侧重行为指导。比如《面对校园风险我会说不》分册中，将课间容易发生的冲撞、打闹等充满隐患的行为单列出来，明确正确的行为指导，以正视听；《潜藏在生活中的危机》分册中，将孩子们容易在公共场所发生的危险行为列举出来，比如乘坐自动扶梯的错误姿势等；《面对生命威胁学会自救》分册中，一些生活的急救小常识也非常实用。道路伤害是 1—14 岁中国儿童第二位死因，是 15—19 岁少年第一位死因。而步行和乘坐机动车是发生交通意外的主要交通方式。因此，《我会应对户外危险》分册，强调了要规范儿童的步行习惯，比如专心走路、不要戴耳机等，是避免伤害的重要一课。

全球儿童安全组织创建者——美国华盛顿儿童医学中心

烧伤科医生马丁博士曾说:“没有偶然的事故，只有可预防的伤害。”在传播儿童安全教育的十多年中，我深刻体会到这句话的意义。**来自生活中的伤害，看似属于意外，其实 99% 都是可以预防的。**认识到环境对伤害发生的影响，就可以从源头杜绝隐患的发生；了解到行为对伤害结果的影响，就可以主动改掉坏习惯，养成好习惯，从而提高安全意识。

希望更多的孩子从这套书中学到安全常识，学会保护自己，注重改变陋习，真正实现平安一生。

前言

高高兴兴出门去，平平安安回家来，这是每一位父母对孩子最基本的期望。但是，在现实生活中仍有令人痛心的事件不断地发生着。由于生活知识、社会经验的缺乏，自我保护和认知能力的不足，孩子们更容易受到一些突如其来的意外事故的伤害。所以，日常出行时，一定要遵守交通规则，一定要多一分警惕，才能为自己的出行安全增加一些保障。

目录

10 走在路上

14 过马路

18 过铁道口

22 乘车

26 遭遇交通事故

30 路遇大雨

34 警惕过往车辆

38 骑自行车

42 自行车刹车失灵
46 乘坐出租车
50 乘坐地铁
54 乘坐火车
58 乘坐游船
62 乘船遭遇意外
66 乘坐飞机
70 乘坐私家车
74 不要追车和扒车
78 被车撞倒
82 野外迷路
86 面对窨井
90 远离电力设施

走在路上

掌握交通安全常识是安全出行的前提。只有遵（zūn）守交通规则（guīzé），才能保障（zhàng）出行的安全。同学们无论是上学放学，还是外出游玩，都要注意交通安全。

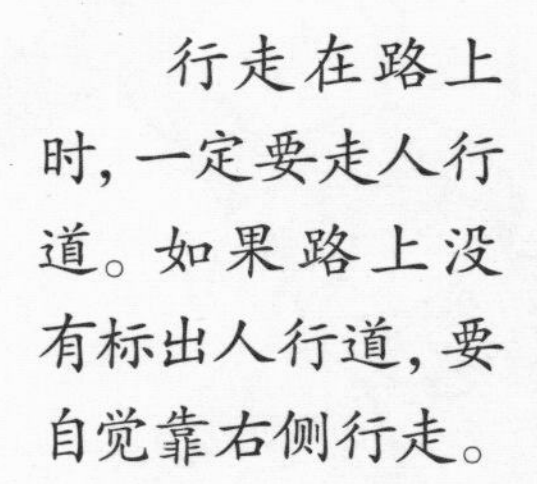

在路上行走时，要注意观察往来汽车车头和车尾的转向灯，从而判断汽车的行驶方向，及时避（bì）让。

走路时，不要玩耍（shuǎ），更不要相互追逐打闹，不要扔东西，不要大声喧哗（xuānhuá）。

走路时不要看书、听音乐或做其他事情，以免分散注意力。

看到井盖尽量绕开行走，不要在井盖上面玩耍或故意踩踏井盖，一旦（dàn）井盖松动，可能会发生危险。

在路上听到救护车、消防车及警车鸣笛（dí）时，一定要迅速避让。

过马路

我们在路上行走时，有时需要穿行马路。穿行马路存在着许多危险，这时我们该怎么办？

如果看见好朋友或者爸爸妈妈就在马路对面，可以打电话给他们，千万不要突然横穿马路去找他们。

过马路时，一定要**选择**（xuǎnzé）安全地带行走，比如人行横道、过街天桥或者地下通道。

过马路时一定要遵守交通规则，即使是在人行横道上行走时，也千万不能闯（chuǎng）红灯，否则很容易发生交通事故。

过马路时，即使没有红绿灯也不能贸(mào)然通过，要先看清左右两边有无车辆经过，确认安全后才能通过。

千万不要因为自己跑得够快，就误以为**偶尔**(ǒu' ěr)不看红绿灯横穿马路也没有什么事，其实这是非常危险的。可以跟随成年人一起过马路，但不要跟随低头看手机的人一起。

即使没有过往车辆时，也不可以闯红灯横穿马路。这样做很危险，我们要养成遵守交通规则的好习**惯**(guàn)。

过铁道口

铁道口是一个很危险的地方，我们在经过时应该注意些什么呢？

铁道是一个非常危险的地方，同学们不要到铁道上玩耍，否则很容易发生危险。
哇!
绝对不能在火车岔（chà）道口上逗（dòu）留、玩耍，以免发生意外。

通过铁道口时，一定要遵守交通规则，红灯停、绿灯行，千万不能闯红灯强行通过。

当铁道口的栏杆已放下，报警器已发出警报，红灯亮起来或两个灯交替闪烁(shuò)时，应站在停止线外，不能通过。绝对不能钻过护栏继续前进。

当火车通过铁道口时，一定要站在护栏后或距（jù）铁轨5米以外的地方。等火车通过后，听从工作人员的指挥，有序通过铁道口。

在通过无人看守的铁道口时，先观察两边是否有火车开过来，情况明确后再通过。记住，任何时候都不能在铁轨上行走或玩耍。

乘　车

公交车为我们的出行带来了很多便利，那么，我们在乘坐公交车时应注意什么呢？

上车前应该排队候车，千万不要拥挤。车辆进站时，一旦排队候车的人拥挤，很容易推倒、踩踏前面的人，造成伤害。

应该等汽车停稳后，按先下后上的顺序乘车。如果汽车已经开动，千万不要扒(bā)车门硬(yìng)挤上车。上车后一定要扶好站稳，防止急刹(shā)车时摔倒受伤。

乘车时，不要玩耍或使用刀具(jù)等利器，以免发生意外。更不能把烟花等易燃(rán)易爆(bào)物品带上车。

不要嬉(xī)戏打闹，不要把头和胳膊伸到车窗外，在汽车行驶过程中，千万不要向车窗外扔东西，以免伤到他人或造成交通事故。

上车后要讲文明懂礼貌，不要争抢座位，应该主动给老、弱(ruò)、病、残(cán)、孕(yùn)乘客让座。不要大声喧哗，不要乱扔果皮，那样既不卫生又不文明。

下车后，不要猛冲过马路，以免来不及躲闪对面行驶的车辆而发生危险。

遭遇交通事故

乘坐汽车时，如果突然遇到了交通事故，我们该怎么办？

在事故发生的时候，大家要迅速护住自己的头部，避免头部被猛烈地撞击。
呀!
如果坐在座位上，要用力抱住前方椅背，尽量低下头，让下巴紧贴前胸，手臂从侧方护住头部和颈(jǐng)部。

当高速行驶的汽车紧急刹车时，一定要用手抓紧车内牢固的物体，并保持卧或蹲（dūn）的姿势，以免摔伤。
我受伤了！
事故发生后，先确认一下自己所处的环境，小心查看自己是否受伤。如果受伤严重，甚至不能移动，则要大声呼救，耐心等待救援（yuán）。

如果受伤较(jiào)轻微，可以自如活动，要想办法离开车厢。先试一下车门能否打开，如果打不开，可以用破窗锤(chuí)将玻璃(bō·li)敲碎逃生，但一定要注意车窗周围是否安全。

成功逃出事故车辆后，大家要想办法尽快报警、打急救电话。注意：当人多拥挤时，一定要防止踩踏等二次伤害。要与事故车辆保持安全距离，以防车辆起火或爆炸。

路遇大雨

上学或放学路上如果突然下起大暴雨，我们该怎么办？

下大雨时，街道上很容易出现暂（zàn）时积水的现象，这时最好在相对较高的人行道上行走。
雨天不要走低洼（wā）有积水的地方，道路上的积水一般很混浊（hùnzhuó），我们很难看清水下有什么，容易被隐藏在积水下的石头、坑洞等绊倒。

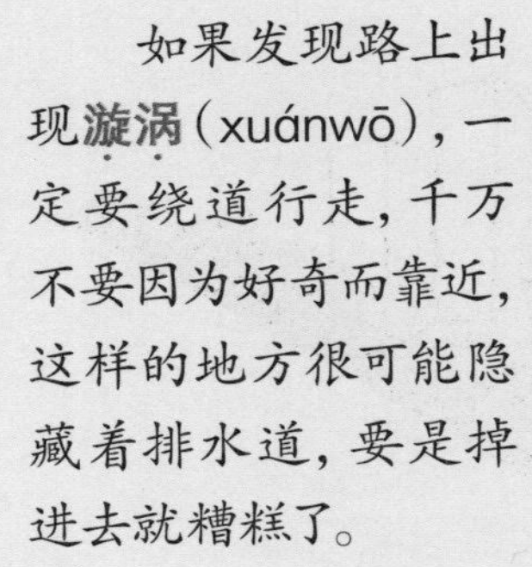
如果发现路上出现漩涡(xuánwō)，一定要绕道行走，千万不要因为好奇而靠近，这样的地方很可能隐藏着排水道，要是掉进去就糟糕了。

如果路上的积水很深，尽量不要穿越马路，应该在安全的地方耐心等待一段时间，等积水排走后再通过马路。

如果放学时突然下起了大暴雨，我们应该先在教室里等待一下，不要急于回家，等雨停了再出发。

如果是走到半路时遇到了大暴雨，这时最好去附近的超市或商场避雨，等雨停了再回家。

警惕过往车辆

马路上来来往往的汽车很多，我们在走路时要特别小心，以免被汽车撞伤。

首先要做到自觉遵守交通规则，不逆（nì）行，这样可以降（jiàng）低交通事故发生的概率（gàilǜ）。
在没有红绿灯和人行横道的路口，一定要认真查看周围的情况，确认没有车辆往来再通过。

不要在停泊的汽车周围玩耍，这是非常危险的行为，司机被车身挡住了视线，有时会看不到周围的人。如果离车辆太近，很容易在其启动时被撞到。

不要在车辆往来较多的场合嬉戏，这种行为很危险，很容易发生交通事故。

走路时注意力要集中，特别是在通过人行横道时，注意力更要高度集中，一定要严格遵守交通规则。
千万不要与车辆抢行，一定要珍爱生命，安全出行。

骑自行车

很多小朋友都喜欢骑自行车，然而骑自行车也存在着一定的危险。那么，我们骑自行车时要注意些什么呢？

要经常检查自行车，如车胎(tāi)的气足不足，车锁(suǒ)、车铃和车闸(zhá)等是否完好无损(sǔn)。
气打足了吗?
骑车时要沿公路或街道的自行车道右侧行驶，不要逆行。12 岁以下的小朋友不可以骑车上街。

经过路口时要减(jiǎn)速慢行，注意过往的行人和车辆，不要闯红灯，要服从交警的指挥。
扬弯时不要抢行，应减速慢行。在没有信号灯的路口，要提前招手示意后再转弯。

骑车时不要打闹和追逐，也不要戴耳机听音乐。骑车不要带人，不并肩骑行，不双手撒（sā）把，不攀（pān）扶机动车。

自行车不能随意停放，应整齐地停放在指定的存放地点，这样既安全又不妨碍（fáng'ài）交通。

自行车刹车失灵

如果自行车出现刹车失灵的情况，我们该怎么办？

遇到自行车刹车失灵时，如果你不是在路口，前方没有行人和车辆，那么只要掌握好平衡（héng），让自行车渐渐平稳停下就可以了。

如果自行车的车闸发生故障，一定要推着走，不要再勉强（miǎnqiǎng）使用，等修好后再骑行，以免发生危险。

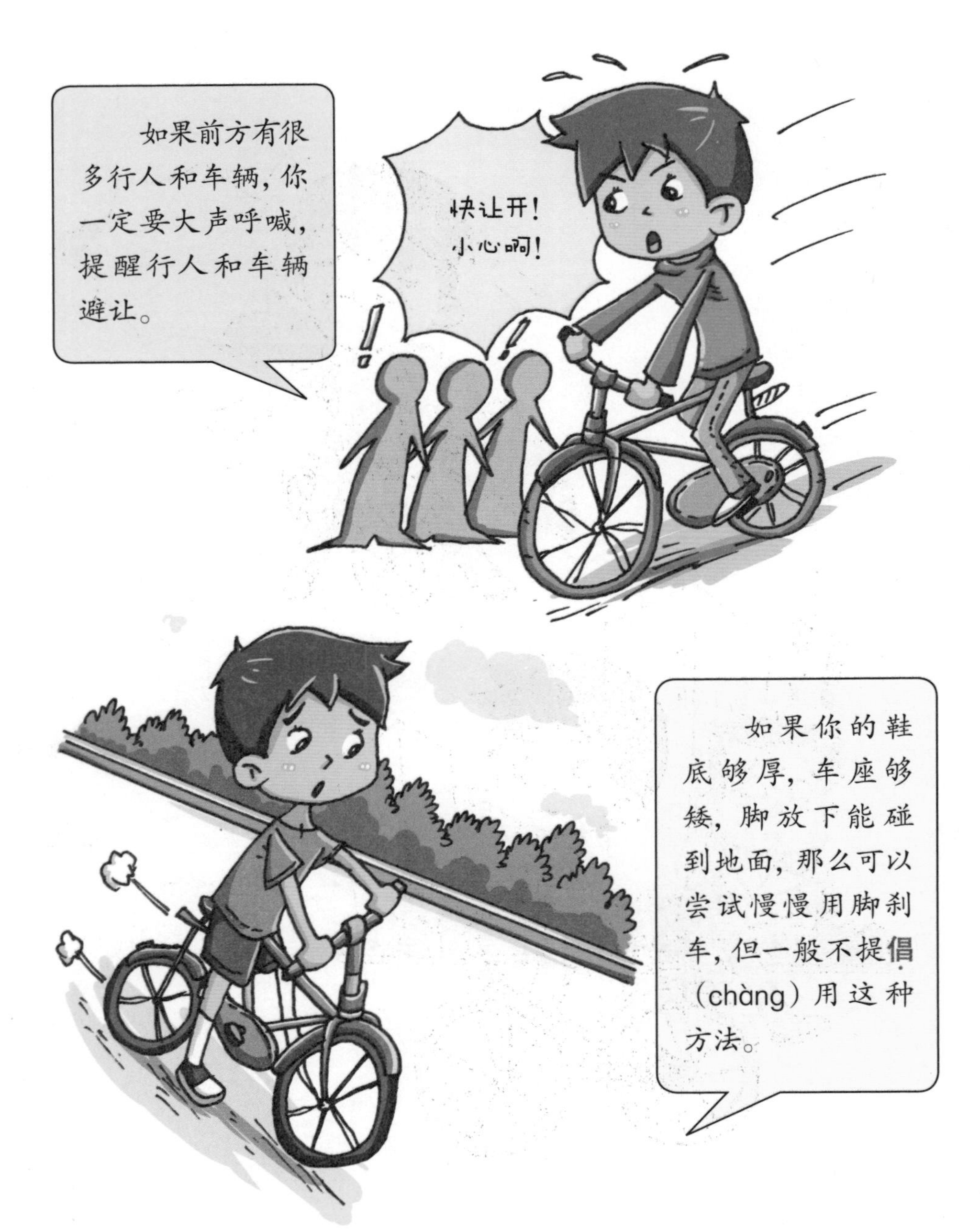

如果前方有很多行人和车辆，你一定要大声呼喊，提醒行人和车辆避让。
快让开！
小心啊！
如果你的鞋底够厚，车座够矮，脚放下能碰到地面，那么可以尝试慢慢用脚刹车，但一般不提倡（chàng）用这种方法。

如果前方路况十分危险，情急之下，可以选择往路边的土地或沙地驶去，并做好跳车的准备。

为了避免刹车失灵的情况发生，在骑自行车之前，应检查各零部件是否状况良好，并定期检修自行车。

乘坐出租车

出租车给我们的出行带来了很多方便，我们在乘坐出租车时，也要注意文明和安全。

招停出租车时，千万不要站在十字路口、快车道、马路中间，更不能冲上马路拦截(jié)正在行驶的出租车，这是非常危险的行为。

招停出租车时，一定要站在出租车停靠处或马路边。

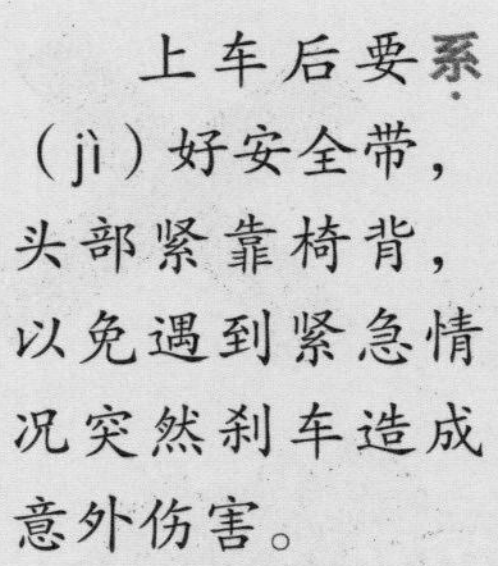

上车后要系（jì）好安全带，头部紧靠椅背，以免遇到紧急情况突然刹车造成意外伤害。

上车前最好记住车牌（pái）号，或是在亲友记好车牌号的情况下再上车。

可以上车后再告诉司机你要去的地方，这样既可以防止拒载（jùzài），也可以避免在车外发生剐蹭（cèng）等意外。

下车时一定要带好随身携（xié）带的物品，并记住向司机索（suǒ）要发票，以便有事情能及时联络（luò）。

乘坐地铁

地铁给我们的出行带来了方便，那么，在乘坐地铁时，我们应该注意什么呢？

搭乘地铁时，一定要在站台上的黄色安全线内候车，否则离车太近或人多拥挤时，很容易发生危险。

大家别挤，先下后上!

出入站台及上下车的时候，不要拥挤，因为同学们个子小，很容易被挤伤或挤下站台，这非常危险。还要记得遵守先下后上的原则。

严禁跳下站台，也不能翻越安全门，否则会发生危险。还要注意不要在车厢（xiāng）内吃东西。

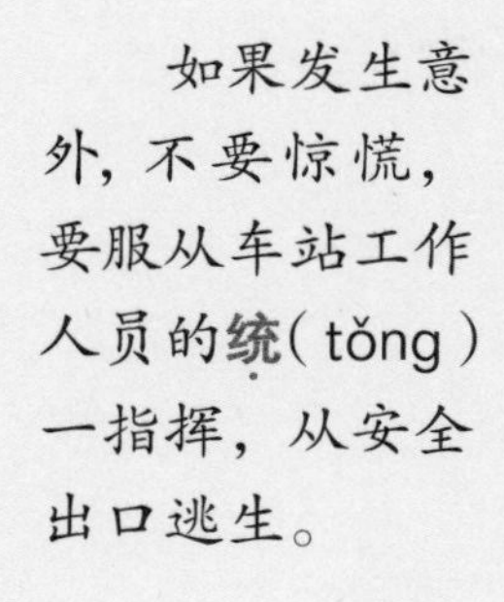

地铁内相对封闭，给乘客的撤(chè)离带来了难度，所以在意外发生时，听从工作人员的统一调度是逃生的关键(jiàn)。

乘坐火车

同学们大概都坐过火车吧？那么，你知道在乘坐火车时，我们该注意什么吗？

火车上的人很多，而且每节车厢的样子都差不多，所以在乘坐火车时千万不要乱跑，以防走失。

火车上人员混杂，没有家长的陪同，不要擅(shàn)自到其他车厢。

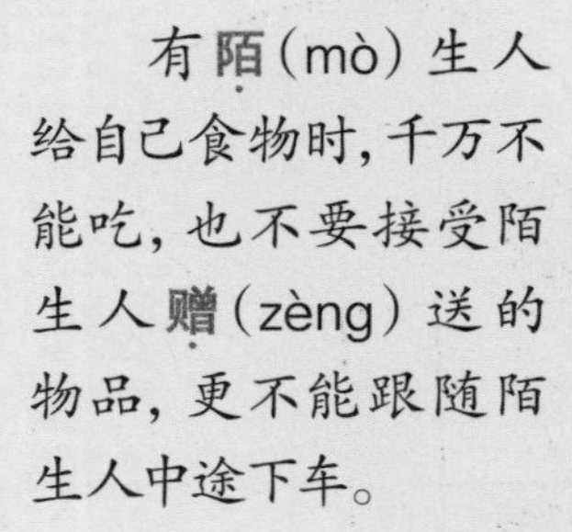

乘坐火车时不可以随便翻其他乘客的东西，这样既不合法，也不礼貌。

还应注意，乘坐火车时一定不要把头和手伸到车窗外，以免发生危险。

乘坐火车时千万不要往窗外扔**垃圾**(lājī)，这样不仅会**污染**(wūrǎn)环境，还有可能**砸**(zá)伤路人。

乘坐游船

乘坐游船领略秀美的山川是一件让人非常愉快的事，不过，你知道乘坐游船时我们要注意些什么吗？

超载的船一定不能上。遇上暴风、暴雨、大雾等恶劣（liè）天气时，应尽量避免乘船。

乘船时应按顺序上下船，千万不要拥挤，不要打闹、追逐、玩耍，以防落水。

乘船时，不要把身体探出船身周围的护栏，以免失足掉入水中。上船后要查看并记住船上救生设备的位置。

在船头和船尾拍照时一定要小心，相机要拿稳，双脚要站稳。

不可以在游船上奔跑打闹，以免轮船**颠簸**（diānbǒ）摔伤自己，或是撞伤他人。

如果不**慎**（shèn）落水，又不会游泳，要尽量把头向后仰，使口、鼻露出水面，而且要深吸一口气，慢慢地吐气，这样不易下沉，可以为救援争取更多时间。

乘船遭遇意外

如果乘船出行时遭遇（zāoyù）意外，我们该怎样保护自己，安全逃生呢？

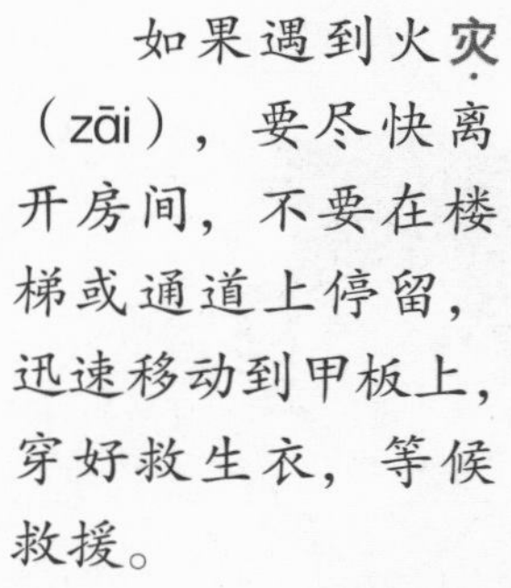

如果遇到船体损坏事故，要先穿上救生衣，然后快速离开房间，到甲板上等候救援。

及时使用手机、信号弹等工具发出求救信号。

遇到紧急情况，须(xū)听从工作人员指挥，穿上救生衣，快速转移到救生筏(fá)上。

如果不得不跳入水中避险，应迎着风向跳，以免跳下后被漂浮物体从后面撞击。

从船上跳入水中时一定要避开螺**旋桨**（xuánjiǎng），如果螺旋桨仍在转动，应离开船尾到船头去，并尽可能地往远处跳，以避免被船下沉时卷起的漩涡吸进去。

乘坐飞机

乘坐飞机外出旅游，在空中**俯瞰**（fǔkàn）山川湖海，真是美事一件！当然，乘坐飞机前同样要了解一些安全常识。

乘坐飞机前不要吃得过饱，因为高空条件下会让食物在我们体内产生大量气体，很容易引起恶心、呕（ǒu）吐等症状。

就要乘坐飞机了，最好不要喝可乐。

乘坐飞机前不要食用富含纤维（xiānwéi）和容易产生气体的食物，比如可乐就特别不适合在乘坐飞机前饮用。因为高空条件会让我们消化道内的气体膨胀，很容易产生腹胀的感觉。

乘坐飞机前不要食用太油腻（nì）的食物，因为这些食物难以消化，在高空飞行时，也比较容易让人产生腹胀的感觉。
不要吃得太油腻！
在机舱内必须服从机组工作人员的指挥，要系好安全带，不要随意走动。

不要随意摆弄机舱内的安全救护设施。起飞前要关闭手机或调成飞行模式。认真听机组人员讲解救生衣等设施的使用方法，一定要学会使用，但未经许可，绝不可随意动用。

一旦飞机出现故障，要保持镇静，听从统一指挥，系好安全带，下颌（hé）紧贴胸部，双手交叉抱臂，身体向前弯曲。飞机迫（pò）降地面后要迅速从飞机上撤离，并远离飞机前往安全地带。

乘坐私家车

乘坐私（sī）家车出行当然是很舒服、很方便的，但是我们在乘坐私家车的时候也要注意安全。

乘坐私家车的时候，12 岁以下的未成年人禁止坐在副驾驶位置。

上车后要系好安全带，身体紧靠在椅背上。在汽车行驶过程中，不要干扰驾驶员。

在汽车行驶过程中，不要玩车门上的拉手，以免车门突然打开，造成意外事故。

在汽车行驶过程中，不要在车上打闹，也不要将头和手伸到窗外，以免发生危险。

途中下车休息时，需先看清后面有没有车辆，在没有来车的情况下，才能打开车门下车，以免发生危险。

不要向窗外乱扔垃圾，那样不仅污染环境，而且还有可能引发交通事故，给自己和他人带来意外伤害。

不要追车和扒车

追车和扒车都是非常危险的行为，一不小心就会酿（niàng）成交通事故。

扒车很危险，不管车速多慢，都不要接近或接触(chù)正在行驶的车辆，以免发生意外。

公交车到站时，不要为了能快速上车，就跟着未停稳的车辆跑，这样很危险，若被人挤倒或不慎摔倒，可能会发生意外。

在乘坐公交车时，如果发现自己要搭乘的车已经开出站台，千万不要对其进行追赶，要耐心等待下一班车。

如果乘坐公交车时，家长上了车，你还没上去车就开走了，千万不要追着公交车跑，这样非常危险，你只需在原地等待，家长会回来找你的。

在等待家长回来找你时不要离开站台，千万不要跟着陌生人走，那样非常危险。

如果附近有公用电话或你随身带着手机，可以立即拨打电话与家长联系。

被车撞倒

如果外出时不幸被车撞倒了，该怎么办呢?

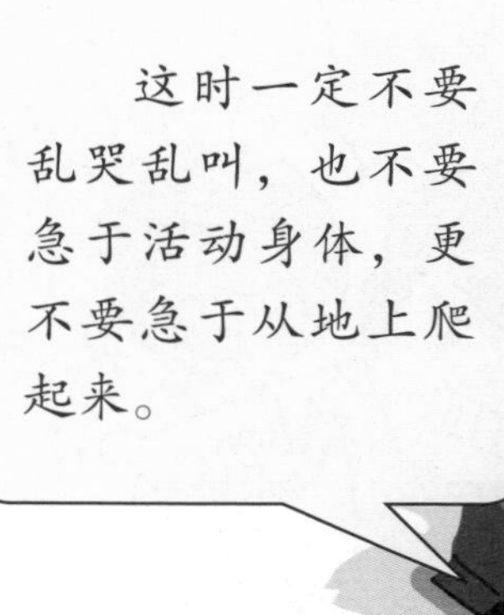

如果感觉自己某个部位非常疼，而且移动困难，那么很有可能是骨折了，记住千万不要改变倒下时的姿势。

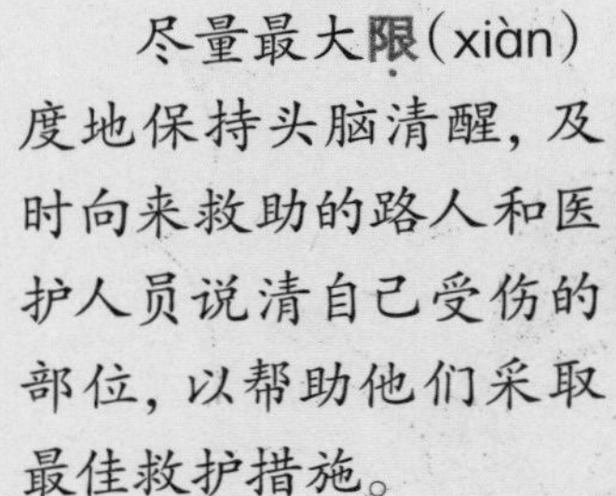
尽量最大限(xiàn)度地保持头脑清醒，及时向来救助的路人和医护人员说清自己受伤的部位，以帮助他们采取最佳救护措施。

哎哟，我的腿不能走了！
哇，我的腿流血啦！
如果创(chuāng)伤部位出血，应立即设法止血，以免失血过多，造成休克。

及时把自己的姓名、学校、家长姓名及联系电话告诉救护人员，以便医生尽快和家长取得联系。
我爸爸的电话号码是……
医生，我晕针！
如果知道自己的血型(xíng)和药物过敏史，也要及时告诉救护人员，以便采取正确有效的治疗方法。

野外迷路

郊游时，你可能会被眼前的美景所吸引，不知不觉就走错路了，等回过神来，却不知道自己身在何处。迷路了，你该怎么办呢？

外出郊游时，一定要结伴而行，不要私自脱离队伍，即使是离开一会儿，也要告诉老师或同伴。

一旦迷路，要先站在原地，别乱走。可大声呼唤（huàn），耐心等待。如果过了很久仍没能联系上同伴，要设法寻求警察或工作人员的帮助。

要尽快确定方向，以摆脱困境。树木枝叶茂盛的一侧是南面。如果有手机，应尽快联系家长，以寻求帮助。
这边是南。
还可以沿着溪流往下游走，不要沿着溪流往上游走。河流的中下游多为平原，也许能发现有人居住的地方。

独自前行时，每走一段路，都要用树枝、石头等物体做个易识别的标记，如用树枝摆成箭（jiàn）头形状，让箭头指向你前进的方向，以免重复错误路线。

为了让救援人员尽快地发现自己，可以找一个空旷（kuàng）的地方，把干草和树枝点燃，用浓烟或火苗作为求救信号。但一定要注意灭火，严防森林火灾。

面对窨井

你知道什么是窨（yìn）井吗？它就是我们平时在路上经常能看到的井盖下方的井。窨井是很危险的，尤其是那些缺失井盖的窨井，走路时一定要小心避让！

平时要远离窨井，不要在井盖上蹦跳、玩耍，以免井盖松动而发生危险。
啊！
不要随意踩踏各种井盖，一是保护井盖，二是避免因井盖安装不牢或破损而坠（zhuì）井。

平时遇到井盖一定要绕行，绝不能疏(shū)忽大意。
!!
如果发现窨井没有井盖，一定要尽量远离，不要在周围嬉闹，最好能设立一个简易的警告标志，提醒路过的人注意安全。

还可以打电话报警，让警察竖立警示牌提醒行人小心绕行。

在雨雪天气里更要提高警惕(tì)，小心路面状况，不要在积水、积雪的窨井旁边活动。

远离电力设施

人们生活、生产都离不开电。电力设施主要包括输电和配电的一些设备，不过这些设施不是谁都可以碰的，非工作人员离它越远越好。

变压器通常有醒目的安全标记，提醒人们不要靠近，所以同学们要自觉绕开这只庞(páng)大的“电老虎”，不要在其附近玩耍。

喂，快来人！
如果发现高压电线断落掉在地上，千万不要靠近，否则有可能会被强大的电流击中。要赶快报警，并提醒路人注意安全。

不要去玩电线杆下方的斜(xié)拉线和地线，更不要去切割它们，这样做是很危险的。注意不要在高压电缆(lǎn)附近放风筝(fēng·zheng)。

雷雨天时，要远离铁塔和高压电缆行走，以防触电或遭遇雷击。

如果发现变压器上有小鸟筑(zhù)的巢(cháo)，千万不要因为好奇而去掏鸟窝，这样很容易被高压电击中，引发触电危险。可以通知相关部门，请专业人员来处理。

如果发现有人触电晕(yūn)倒，千万不要伸手去拉他，可以用干木棍等绝缘物体将电线挑开，然后迅速拨打“120”急救电话。

找不同

一定要记住，在马路上或人行横道上打闹是很危险的，一定不要这样做。左右两幅图中共有七处不同，请你在右图中把它们圈出来。

选择游戏

通过路口时，我们一定要遵守“红灯停、绿灯行、黄灯还要等一等”的交通规则。图中的行人和车辆哪个是错的？请你圈出来。